BEI GRIN MACHT SICH IHR WISSEN BEZAHLT

- Wir veröffentlichen Ihre Hausarbeit,
  Bachelor- und Masterarbeit

- Ihr eigenes eBook und Buch -
  weltweit in allen wichtigen Shops

- Verdienen Sie an jedem Verkauf

Jetzt bei www.GRIN.com hochladen
und kostenlos publizieren

Bibliografische Information der Deutschen Nationalbibliothek:

Die Deutsche Bibliothek verzeichnet diese Publikation in der Deutschen National-bibliografie; detaillierte bibliografische Daten sind im Internet über http://dnb.d-nb.de/ abrufbar.

Impressum:

Copyright © 2018 GRIN Verlag
Druck und Bindung: Books on Demand GmbH, Norderstedt Germany
ISBN: 9783668830752

Dieses Buch bei GRIN:

https://www.grin.com/document/446203

Martin Faier

Grundlagenrecherche und Analyse von Entwicklungen in der Laser-, Schweiß- und Schneidtechnik

GRIN Verlag

GRIN - Your knowledge has value

Der GRIN Verlag publiziert seit 1998 wissenschaftliche Arbeiten von Studenten, Hochschullehrern und anderen Akademikern als eBook und gedrucktes Buch. Die Verlagswebsite www.grin.com ist die ideale Plattform zur Veröffentlichung von Hausarbeiten, Abschlussarbeiten, wissenschaftlichen Aufsätzen, Dissertationen und Fachbüchern.

Besuchen Sie uns im Internet:

http://www.grin.com/

http://www.facebook.com/grincom

http://www.twitter.com/grin_com

Inhaltsverzeichnis

Abbildungsverzeichnis

Abkürzungsverzeichnis

Abb.	Abbildung
As	Arsen
CO_2	Kohlenstoffdioxid
GaAlAs	Gallium-Aluminium-Arsenid
He	Helium
LASER	Light Amplification by Stimulated Emission of Radiation
MASER	Microwave Amplification by Stimulated Emission of Radiation
Nd	Neodym
Ne	Neon
Si	Silicium
YAK	Yttrium-Aluminium-Granat

1. Einleitung

1.1 Aufgabenstellung

Im Rahmen der Projektarbeiten sollen Entwicklungen im Bereich der Laser-Schweiß- und Schneidtechnik untersucht werden, um den derzeitigen Stand der Technik darzustellen.

Hierzu soll die technische Funktionsweise beschrieben, die am Markt befindliche Lasertechnik analysiert und die verschiedenen Systeme miteinander verglichen werden.

Diese Projektarbeit (Teil A) befasst sich mit der technischen Funktionsweise von Lasern. Dazu werden zunächst die dazugehörigen physikalischen Grundlagen erläutert, worauf folgend die allgemeine Funktionsweise von Lasern beschrieben wird.

1.2 Geschichtliche Entwicklung

Der Begriff *LASER* ist ein Akronym[1] und setzt sich aus den Anfangsbuchstaben der Begriffsdefinition „**L**ight **A**mplification by **S**timulated **E**mission of **R**adiation" zusammen [1 S. 66].

Im Deutschen bedeutet dies übersetzt „Lichtverstärkung durch stimulierte Emission von Strahlung". Somit bezeichnet Laser sowohl das Gerät, welches die Laserstrahlen erzeugt, als auch den zugrundeliegenden physikalischen Effekt, welcher im Folgenden noch erläutert wird.

Das Prinzip der stimulierten Emission wurde bereits 1916 von Albert Einstein[2] theoretisch beschrieben und 1928 von dem deutsch-amerikanischen Physiker Rudolf Ladenburg[3] experimentell nachgewiesen.

Der nächste große Schritt in Richtung eines funktionsfähigen Lasers, war 1954 die Entwicklung des sogenannten MASER (**M**icrowave **A**mplification by **S**timulated **E**mission of **R**adiation), welcher das Prinzip der stimulierten Emission im Bereich der Mikrowellenstrahlung nutzt.

---

[1] aus den Anfangsbuchstaben mehrerer Wörter gebildetes Kurzwort
[2] Albert Einstein (1879 – 1955)
[3] Walter Rudolf Ladenburg (1882 - 1952)

Im Jahr 1960 stellte Theodore Maiman von den Hughes Research Laboratories in Kalifornien den ersten funktionsfähigen Laser vor. Mittels einen durch Blitzlampen angeregten Rubinstabes, nutze dieser die stimulierte Emission um einen roten Laserstrahl zu erzeugen [2 S. V].

Abb. 1-1 Theodore Maiman und sein Rubinlaser [13]

In den folgenden Jahrzenten entstanden viele verschiedene Lasertypen, welche letztendlich in unterschiedlichsten Bereichen Anwendung fanden. Diese werden in Teil B der Arbeit näher beschrieben.

2

2. Physikalische Grundlagen

Um ein Verständnis dafür entwickeln zu können, wie letztendlich ein Laserstrahl erzeugt wird, wird nun im Vorfeld die Fragen geklärt wie Licht entsteht, was Licht eigentlich ist und welche wichtigen Eigenschaften des Lichts ausschlaggebend für die Laserstrahlentstehung sind.

2.1 Licht als Welle

Viele Beobachtungen aus unserem Alltag liegen der Tatsache zugrunde, dass sich Licht in Form einer Welle ausbreitet. Während zum Beispiel die Ausbreitung von Wasserwellen auf Schwingungen von Wassermolekülen beruht, pflanzt sich Licht als elektromagnetische Welle fort. Dabei handelt es sich um sich ausbreitende Schwingungen des elektromagnetischen Feldes. Elektrisches Feld[4] und magnetisches Feld[5] stehen dabei senkrecht aufeinander und senkrecht zu ihrer Ausbreitungsrichtung. Solche Wellen bezeichnet man als Transversalwellen[6]. Beide Felder sind miteinander gekoppelt und schwingen synchron [3 S. 6].

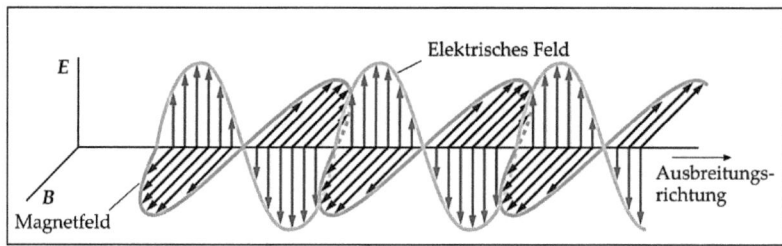

Abb. 2-1 Elektrischer und magnetischer Feldvektor einer elektromagnetischen Welle [4 S. 988]

Sobald sich das elektrische Feld in einem bestimmten (Raum-)Punkt ändert, ändert sich zeitgleich das magnetische und umgekehrt.

Aus den Maxwell'schen[7] Gleichungen ergibt sich folgender Zusammenhang [4 S. 988] :

$$\vec{E} = c_0 * \vec{B} \qquad (2.1)$$

---

[4] Elektrische Feldstärke $\vec{E}$ Einheit: 1 V/m
[5] Magnetische Flussdichte $\vec{B}$ Einheit: 1T (Tesla) = 1 N/Am
[6] von lat. *transversus* = quer
[7] nach James Clerk Maxwell (1831 - 1879)

Hierbei steht c_0 wieder für die Lichtgeschwindigkeit im Vakuum[8]. Je nach Wellenlänge und Frequenz lassen sich elektromagnetische Wellen in unterschiedliche Kategorien einteilen, wie beispielsweise Sichtbares Licht, Gammastrahlung oder auch Radiowellen, wobei die Grenzen der einzelnen Bereiche nicht streng abzugrenzen sind.

In manchen Fällen aber, so wie bei den späteren Kapiteln über Absorption und Emission, reicht die Betrachtung des Lichts als Welle allein nicht aus. Aus der Quantenphysik ist bekannt, dass quantenphysikalische Objekte gleichzeitig Charakteristika einer klassischen Welle und eines klassischen Teilchen zugeschrieben werden können. Diese Verknüpfung nennt man den Wellen-Teilchen-Dualismus.

Das Teilchen einer elektromagnetischen Welle nennt man Photon[9]. Dieses besitzt die Energie:

$$E_{Photon} = h\upsilon \tag{2.2}$$

Darin ist h das Planck'sche[10] Wirkungsquantum mit $h=6{,}626\ 070\ 040 \cdot 10^{-34}$ Js und υ beschreibt die Frequenz [5 S. 1].

2.2 Polarisation

Wie bereits erläutert hat eine transversale elektromagnetische Welle die Eigenschaft, dass das elektrische Feld senkrecht auf seiner Ausbreitungsrichtung steht. Folgt die Amplitude der Schwingung dabei einer, senkrecht zur Ausbreitungsrichtung stehenden, Geraden, dann ist die Welle *linear Polarisiert* [1 S. 1024].

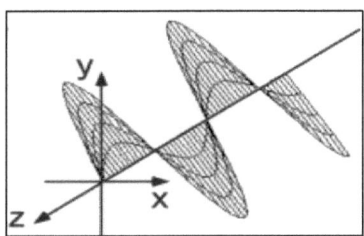

Abb. 2-2 Linear polarisierte Welle [2 S. 60]

---

[8] $c_0 = 299.792.458\ ^m/_s$
[9] von griechisch *phōs* = Licht
[10] nach Max Planck (1858 - 1947)

Überlagern sich zwei elektromagnetische Wellen so, dass die E-Vektoren gleiche Amplituden haben und um $\lambda/4$ gegeneinander verschoben sind, dann verläuft der resultierende E-Vektor bildlich auf einer Schraube. Würde man diese Bewegung auf eine zweidimensionale Scheibe projizieren, sehe man einen Kreis. Solche Wellen bezeichnet man als *zirkular Polarisiert* [3 S. 212].

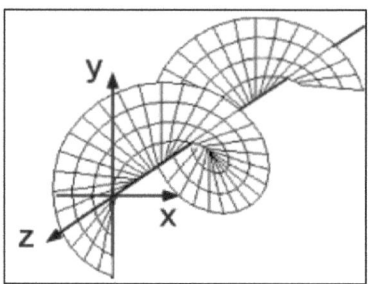

Abb. 2-3 Zirkular polarisierte Welle [2 S. 60]

Natürliche Lichtquellen, wie die Sonne oder auch Glühbirnen, strahlen unpolarisiertes Licht ab. Ihre, senkrecht zur Ausbreitungsrichtung stehenden, elektrischen Feldvektoren sind statistisch regellos im Raum verteilt und weisen keine Vorzugsrichtung auf [4 S. 11].

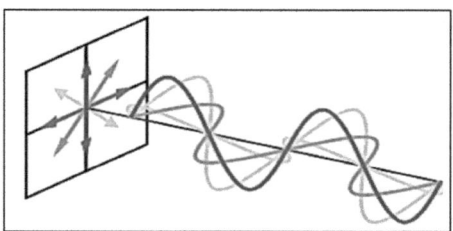

Abb. 2-4 Unpolarisierte Welle [5]

2.3 Interferenz

Bei der Überlagerung zweier oder mehrerer Wellen gleicher Frequenz und Wellenlänge kommt es zu einer Addition der Amplituden beider Wellen, auch Superposition genannt. Je nach Phasenverschiebung der Wellen können sich die Wellen gegenseitig verstärken oder abschwächen.

- *Konstruktive Interferenz:* Treffen die Wellenberge der einzelnen Wellen aufeinander, verstärken sich die Wellen. Maximale Verstärkung tritt demzufolge bei einer Phasenverschiebung von $\varphi = 2k\pi$ mit $k \in \mathbb{Z}$.

5

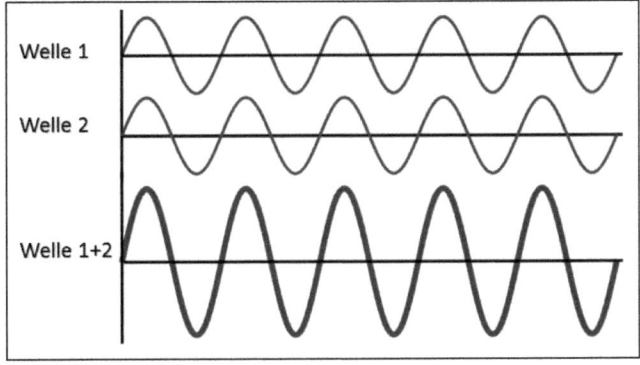

Abb. 2-5 Prinzip von maximaler konstruktiver Interferenz
[eigene Abb.]

- *Destruktive Interferenz*: Treffen Wellenberge auf Wellentäler, kommt es gemäß des Superpositionsprinzips zu einer Abschwächung der Amplitude. Bei einer Phasenverschiebung von $\varphi = (2k + 1)\pi$ tritt maximale destruktive Interferenz auf und die Wellen löschen sich gegenseitig komplett aus [6 S. 332 f.].

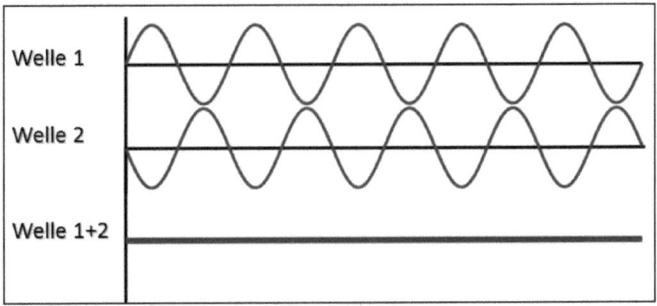

Abb. 2-6 Prinzip von maximaler destruktiver Interferenz
[eigene Abb.]

2.4 Kohärenz

Damit ein stabiles Interferenzmuster zu Stande kommt, muss die Phasenbeziehung der Wellen innerhalb eines Wellenzuges, d.h. die Welle ist räumlich und zeitlich begrenzt, konstant bleiben. Lichtquellen die diese Eigenschaft besitzen nennt man kohärent.

Gewöhnliche Lichtquellen, wie etwa Glühlampen, strahlen nur inkohärentes Licht aus. Grund ist, dass bei der Glühlampe jedes Atom unabhängig von den anderen in unregelmäßiger Folge kurze Wellenzüge aussendet. Diese hängen nicht miteinander zusammen und es liegt keine feste Phasenbeziehung zwischen ihnen vor.

Bei einem Laser dagegen entsteht ein langer Wellenzug, bei dem sich die Wellenfronten in regelmäßigen Abständen wiederholen. Der Laser sendet kohärentes[11] Licht aus.

Idealerweise sollte die Welle im Laser eine unendliche Ausdehnung haben. Aber in der Realität kann der Laser einen solchen Wellenzug nicht erzeugen, da auch nach dem Einschwingen einige Atome noch spontan emittieren und Photonen erzeugen, die nicht mit der erzeugten Strahlung übereinstimmen. Diese neuen Photonen überlagern die ursprüngliche Welle und sorgen dafür, dass sich die reale Welle zur idealen verschiebt [7 S. 65].

Als Maß zur Beschreibung dient die Kohärenzzeit τ_K. Sie beschreibt die Zeitspanne, nach welcher die Verschiebung eine halbe Wellenlänge beträgt und sich noch Interferenz beobachten lässt.

Die reale, endliche Länge des Wellenzuges bezeichnet man analog mit der Kohärenzlänge l_K. Da sich die Welle mit Lichtgeschwindigkeit ausbreitet ergibt sich der Zusammenhang:

$$l_K = c\tau_K \qquad (2.3)$$

Kohärenzzeit und –länge lassen sich mit Hilfe des sogenannten Michelson-Interferometers[12] bestimmen.

Ein Laser kann aber nichtsdestotrotz als nahezu kohärent angesehen werden, da die Kohärenzlänge je nach Lasertyp mehrere Kilometer betragen kann, während herkömmliche Lichtquellen Kohärenzlängen im Millimeterbereich aufweisen [3 S. 216 f.].

Diese Kohärenz ist Voraussetzung und der Grund dafür, dass sich das Laserlicht stark bündeln lässt und über große Distanzen ohne Aufweitung strahlen kann. Da seine Lichtwelle somit auch mit einer fast exakten Frequenz

---

[11] von lat.: cohaerere = zusammenhängen
[12] nach Albert Abraham Michelson (1852 - 1931)

schwingt, strahlt der Laser auch nur in einer einzige Farbe aus. Deshalb nennt man das Laserlicht auch monochromatisches[13] Licht.

2.5 Bohr'sches Atommodell

Der dänische Physiker Nils Bohr (1885 - 1962) stellte 1912 sein Modell der Atome vor. In diesem Atommodell umrundet das Elektron auf einer kreisförmigen oder elliptischen Bahn den positiv geladenen Atomkern, ähnlich wie Planeten die um die Sonne kreisen (Abb. 2-7). Durch die elektrische Anziehungskraft zwischen negativ geladenen Elektronen und positiv geladenem Atomkern auf der einen Seite und der Zentrifugalkraft auf der anderen Seite werden die Elektronen auf ihrer Bahn gehalten.

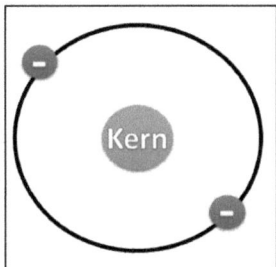

Abb. 2-7 Modell nach Bohr [eigene Abb.]

Weiterhin postulierte er, dass die Bahnen auf denen sich die Elektronen bewegen, klar bestimmt sind und die Elektronen dabei keine Strahlung abgeben. Bohr nahm an, dass die Elektronen einzig nur dann Strahlung abgeben (Emission) bzw. aufnehmen (Absorption), wenn das Elektron von einer der erlaubten Bahnen auf eine andere übergeht. Jede Bahn entspricht dabei einem gewissen elementspezifischen Energieniveau des Teilchens.

Diese Energie ist abhängig von der sogenannten Hauptquantenzahl n:

$$E_n = -\frac{E_0}{n^2} \tag{2.4}$$

Die innerste Bahn besitzt die Hauptquantenzahl $n=1$, demzufolge hat diese auch die geringste Energie.

Präzisiert wurde das Bohr'sche Atommodell später durch die Quantentheorie. An die Stelle von festen Elektronenbahnen trat nun eine

---

[13] von griechisch *mono-chromos* = eine Farbe

Wellenfunktion Ψ, welche die Aufenthaltswahrscheinlichkeit der Elektronen an einem bestimmten Ort im Raum angibt. Was beide Theorien jedoch verbindet ist die Annahme, dass nur diskrete Energiewerte für das Atom erlaubt sind [1 S. 1213 ff.].

2.6 Absorption und Emission

Damit Licht entstehen kann, muss der eben erwähnte Sachverhalt für kurze Zeit außer Kraft gesetzt werden. Wechselt ein Elektron von einem Niveau höherer Energie auf ein Niveau niedriger Energie, gibt dieses die daraus resultierende Energiedifferenz in Form eines Photons nach außen hin ab.

Dieser Vorgang kann auch umgekehrt laufen. Durch Zugabe von Energie kann ein Elektron von einem niedrigen auf ein höheres Energieniveau angehoben werden. Dieser Vorgang, der 1917 von Albert Einstein als stimulierte beziehungsweise induzierte Emission betitelt wurde, ist Grundlage für die Laserlichtentstehung.

Grundsätzlich kann es zu drei Wechselwirkungen zwischen Atomen bzw. Molekülen und Photonen kommen. Der Absorption, der spontanen Emission und der stimulierten Emission [4 S. 4].

2.6.1 Absorption

Das Atom bzw. das Elektron befindet sich zunächst im sogenannten Grundzustand, welcher hier als E_1 bezeichnet wird. Nach Bohrs Modell hat das Elektron, wie oben erläutert, klar definierte Energiezustände. In dieser Betrachtung genügt ein weiterer, welcher hier mit E_2 bezeichnet wird.

Wird das Elektron im Zustand E_1 von einem Photon getroffen, kann es dessen Energie aufnehmen bzw. absorbieren (Abb. 2-8). Diese aufgenommene Energie sorgt dafür, dass das Elektron nun in den höheren Energiezustand wechseln kann. Das Atom ist nun „angeregt".

Wie bereits in 2.1 erwähnt besitzt das Photon die Energie $E_{Ph} = hv$. Die Energiedifferenz der beiden Zustände E_1 und E_2 ist gegeben mit:

$$\Delta E_{12} = E_2 - E_1 \qquad (2.5)$$

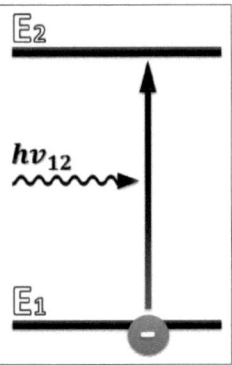

Abb. 2-8 Prinzip der Absorption [eigene Abb.]

Die Wahrscheinlichkeit, dass dieser Absorptionsvorgang abläuft, nimmt mit der Übereinstimmung von Photonenenergie und Energiedifferenz der Zustände zu. Folglich ist die Wahrscheinlichkeit einer Absorption dann am größten, wenn $E_{Ph} = \Delta E_{12}$ gilt. Dies ist der Fall, wenn das Photon die Resonanzfrequenz v_{12} des Atoms besitzt:

$$v_{12} = \frac{\Delta E}{h} \tag{2.6}$$

Weitere Einflussgrößen für die Absorptionswahrscheinlichkeit sind die Anzahl der Elektronen im unteren Niveau N_1 und die sogenannte spektrale Energiedichte $\rho(v_{21})$. Letztere beschreibt die Energie pro Volumen- und Frequenzeinheit bei Resonanzfrequenz.

Betrachtet man nun die Anzahl an Atomen, die pro Zeiteinheit ein Photon absorbieren und in den Zustand E_2 übergehen, ergibt sich deren Übertragungsrate dN_1/dt mit:

$$\frac{dN_1}{dt} = -B_{12} N_1 \rho(v_{21}) \tag{2.7}$$

Der Faktor B_{12} ist hierbei ein Proportionalitätsfaktor, Einstein-Koeffizient der stimulierten Absorption genannt, der abhängig ist vom betrachteten System [8 S. 40 f.].

2.6.2 Spontane Emission

Den Vorgang der spontanen Emission kann man im Grunde nach als Umkehrung der Absorption betrachten. Das Atom befindet sich zu Beginn in einem angeregten Zustand E_2. Dieser Zustand ist jedoch sehr instabil und das Elektron wechselt nach einer gewissen Verweildauer zurück in seinen Grundzustand E_1, wobei es die zuvor aufgenommene Energie $\Delta E_{12} = h\nu$ in Form eines Photons wieder abgibt (Abb.2-9). Da dies ohne äußere Einwirkung geschieht, spricht man hierbei von einer spontanen Emission.

Die Richtung, in der das Photon abgestrahlt wird, ist dabei völlig beliebig. Ebenso lässt sich die Verweildauer des Elektrons im Zustand E_2 nicht ohne weiteres vorhersagen. Bei hinreichend großer Anzahl aber lässt sich ein Mittelwert für das betrachtete System ermitteln, der mit τ bezeichnet wird.

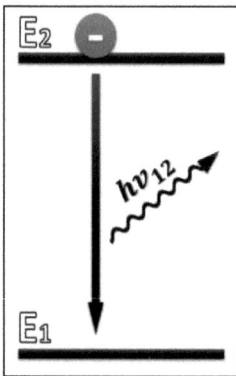

Abb. 2-9 Prinzip der spontanen Emission [eigene Abb.]

Die Übertragungsrate hierbei ist gegeben mit:

$$\frac{dN_2}{dt} = -\frac{1}{\tau_{21}}N_1 = -A_{21}N_1 \qquad (2.8)$$

Wobei A_{21} den sogenannten Einstein-Koeffizienten der spontanen Emission darstellt. (8 S. 41)

2.6.3 Stimulierte Emission

Grundlage dafür, wie letztendlich im Laser der Strahl erzeugt wird, ist die stimulierte Emission. Hier befindet sich ein Elektron bereits im energetisch höheren Niveau E_2. Trifft nun ein Photon mit der Energie $h\nu_{12}$ auf das bereits angeregte Elektron, wird dieses dazu gezwungen zurück in den energetisch niedrigeren Zustand E_1 zu springen. Dabei wird – ähnlich wie bei der spontanen Emission – ein neues Photon freigesetzt (Abb. 2-10). Im Gegensatz zur spontanen Emission aber strahlt dieses Photon nicht in eine beliebige Richtung ab, sondern stimmt in Richtung mit dem eingefallenen Photon überein. Als Endresultat erhält man demnach nun zwei Photonen, die nach Richtung und Frequenz übereinstimmen.

Wichtig hierbei ist, dass die Energie des einfallenden Photons weitestgehend gleich der Energiedifferent ΔE_{12} der beiden Zustände E_1 und E_2 ist.

Analog zur Absorption ist die stimulierte Emission abhängig von der Anzahl N_2 der Atome im angeregten Zustand und der spektralen Energiedichte $\rho(v_{21})$.

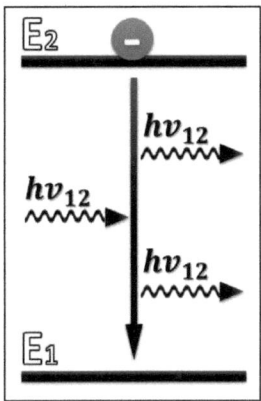

Abb. 2-10 Prinzip der stimulierten Emission [eigene Abb.]

Somit ergibt sich für die Übertragungsrate von Zustand E_2 auf E_1:

$$\frac{dN_2}{dt} = -B_{21}N_2\rho(v_{21}) \tag{2.9}$$

B_{21} ist der Einstein-Koeffizient der stimulierten Emission, der bei nicht entarteten[14] Zuständen gleich dem Koeffizienten der Absorption ist [8 S. 44].

2.6.4 Besetzungsinversion

Wie man im letzten Kapitel sehen konnte, wurde durch den Prozess der stimulierten Emission der einfallende Lichtstrahl verstärkt. Im Gegensatz dazu steht die Absorption. Hierbei wird auf Grund der Aufnahme eines Photons, der einfallende Lichtstrahl abgeschwächt.

---

[14] In der Quantenmechanik spricht man von Entartung, wenn zwei oder mehr Zustände eines quantenmechanischen Systems zur selben Energie existieren.

Es soll im Folgenden ein abgeschlossenes System betrachtet werden, in dem sich N Atome befinden. Von diesen Atomen sollen sich $N1$ Atome auf einem niedrigen Energiezustand befinden und $N2$ Atome auf einem höheren Energiezustand.

In diesem System breitet sich nun ein Lichtstrahl mit der spektralen Energiedichte $\rho(v_{21})$ aus. Dabei kommt es auf einer gewissen Wegstrecke dz zu Absorptions- und stimulierten Emissionsvorgängen, wobei das Licht einerseits geschwächt, andererseits verstärkt wird.

Da der Strahl sich mit der Lichtgeschwindigkeit c ausbreitet, ergibt sich für den Zeitbereich:

$$dt = \frac{dz}{c} \tag{2.10}$$

Aus Gleichung 2.9 folgt daraus für die Zahl dN_2 der durch stimulierte Emission abgeregten Atome:

$$dN_2 = B_{21}N_2\rho(v_{21})\frac{dz}{c} \tag{2.11}$$

Hierbei entstehen dN_2 neue Photonen.

Zur gleichen Zeit absorbieren dN_1 Atome ein Photon und es gilt:

$$dN_1 = B_{12}N_1\rho(v_{21})\frac{dz}{c} \tag{2.12}$$

Die Lichtwelle verliert hier dN_1 Photonen.

Aus den Gleichungen 2.11 und 2.12 folgt für die Photonenänderungsrate dQ:

$$\frac{dQ}{dt} = B_{12}[N_2 - N_1]\rho(v_{21})\frac{1}{c} \tag{2.13}$$

Daraus folgen können sich drei Zustände einstellen:

- Zustand 1 $[N_2 - N_1] < 0$: Tritt dieser Zustand ein, finden mehr Absorption als stimulierte Emission statt und das einfallende Licht wird geschwächt.

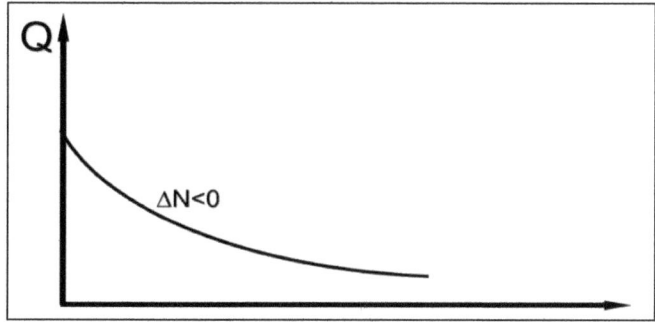

Abb. 2-11 Abschwächung der Lichtwelle [eigene Abb.]

- Zustand 2 $[N_2 - N_1] = 0$: Die Lichtwelle bleibt unverändert. Es finden genauso viele Absorptionsvorgänge statt wie stimulierte Emission. Man spricht hierbei von Transparenz.

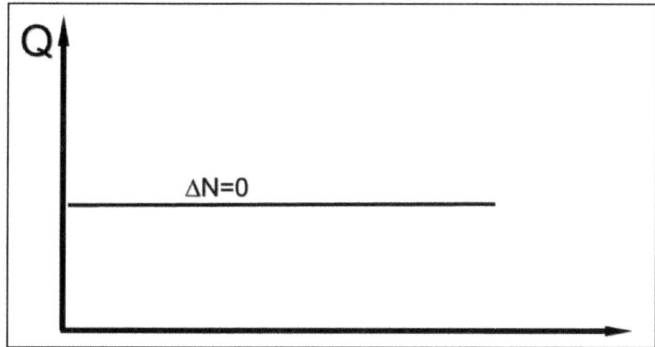

Abb. 2-12 Konstante Lichtwelle [eigene Abb.]

- Zustand 3 $[N_2 - N_1] > 0$: Hier überwiegt die stimulierte Emission und das Licht wird verstärkt. Man spricht hierbei von (Besetzungs-) Inversion.

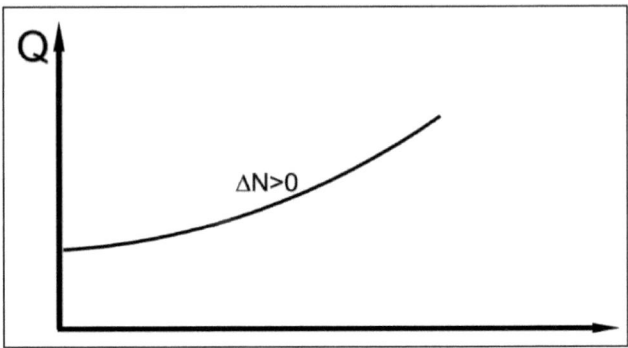

Abb. 2-13 Lichtverstärkung [eigene Abb.]

Aus Zustand drei ist ersichtlich, dass Besetzungsinversion herrschen muss um letztendlich das einfallende Licht zu verstärken. Dazu müssen sich mehr Atome im energiereicheren Zustand befinden als im energieärmeren Zustand. Jedoch ist im thermodynamischen Gleichgewicht dieser Zustand nicht zu erreichen. Gemäß der sogenannten Boltzmann-Verteilung[15] (Abbildung 2-14) stellt sich folgendes Verhältnis für N_2 und N_1 ein:

$$\frac{N_2}{N_1} = e^{-\frac{(E_1 - E_2)}{kT}} \tag{2.14}$$

Mit $k = 1,3807 * 10^{-23} \frac{J}{K}$ der Boltzmann-Konstanten und T der absoluten Temperatur in Kelvin [8 S. 47 f.].

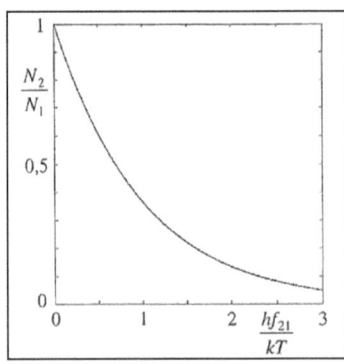

Abb. 2-14 Besetzungsverhältnis im thermodynamischen Gleichgewicht als Funktion der Temperatur [8 S. 45]

[15] Nach Ludwig Eduard Boltzmann (1844 - 1906)

Man sieht, dass selbst für den theoretischen Fall von einer nahezu unendlich hohen Temperatur $(T \rightarrow \infty)$ $N_2 = N_1$ wäre und es läge lediglich Transparenz vor. Für den Betrieb eines Lasers ist daher eine andere Vorgehensweise zu wählen, da das hierher beschriebe Zwei-Niveau-System, mit einem niedrigen Energieniveau E_1 und einem höheren Energieniveau E_2, keine Inversion zulässt. Daher verwendet man ein Medium, das sogenannte *Aktive Medium*, dessen Atome welches ein Drei-Niveau-System zulassen. Abbildung 2-15 zeigt die schematische Darstellung eines solchen 3-Niveau-Systems.

Zur Veranschaulichung, wie hierbei Besetzungsinversion hergestellt wird, gehen wir davon aus, dass sich die Atome zunächst alle im Grundzustand 1 befinden und die Zustände 2 und 3 unbesetzt sind. Weiterhin ist zu sagen, dass das Energieband 3 eine große Anzahl von Energiezustände zusammenfasst.

Nun wird von außen Energie zugeführt um die Atome aus dem Grundzustand 1 in das Energieband 3 anzuheben. Das thermodynamische Gleichgewicht ist nun aufgehoben. Dieser Vorgang bezeichnet man als *Pumpen*.

Von dem Energieband 3 sollen jetzt die Atome strahlungsfrei auf den Zustand 2 übergehen. Die Übergangswahrscheinlichkeit muss bei dieser Aktion möglichst hoch sein, sonst besteht die Gefahr, dass durch spontane und stimulierte Emissionsprozesse, die Atome direkt in ihren Grundzustand übergehen.

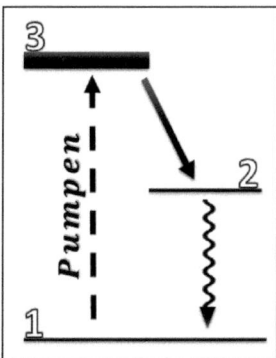

Abb. 2-15 Prinzip eines 3-Niveau-Systems [eigene Abb.]

Besetzungsinversion stellt sich dann ein, wenn die mittlere Verweildauer τ der sich im Zustand 2 befindliche Atome möglichst groß ist. So lassen sich genügend viele Atome hier „ansammeln". Einen solchen angeregten Zustand mit hoher Verweildauer bezeichnet man als *metastabil*. Die Lebensdauer eines solchen Zustands ist gegenüber gewöhnlichen Energiezuständen um den Faktor 10.000 bis 100.000 größer (vgl. [7 S. 31]).

Auf Grund der hohen Übergangswahrscheinlichkeit vom Energieband 3 zu Zustand 2 wird die Zahl der Atome in 3 für das folgende vernachlässigt. Die Inversionsbedingung für dieses Drei-Niveau-System lässt sich dann folgendermaßen aufstellen:

$$N_2 > \frac{1}{2}(N_1 + N_2) \qquad (2.15)$$

Das heißt es müssen sich mehr als die Hälfte der Atome im Zustand 2 befinden. Den weiteren Übergang von Zustand 2 in den Grundzustand nennt man auch *Laserübergang*, da dieser Übergang durch stimulierte Emission erfolgt.

Dieses System ist jedoch schwierig umzusetzen und ineffizient, da mehr als die Hälfte der Teilchen in den Zustand 2 gepumpt werden müssen (unter der Annahme $N_3 \approx 0$). Dies hat eine relativ hohe Laserschwelle zur Folge. Diese beschreibt die minimale Pumpleistung, die nötig ist um die Laseroszillation einzuleiten oder einfacher ausgedrückt, sie beschreibt den Punkt, ab dem der Laser anfängt zu „arbeiten". Um diese Schwelle niedrig zu halten muss der Bedarf an Atomen im Zustand 2 verringert werden, was zur Verwendung eines sogenannten Vier-Niveau-Systems führt.

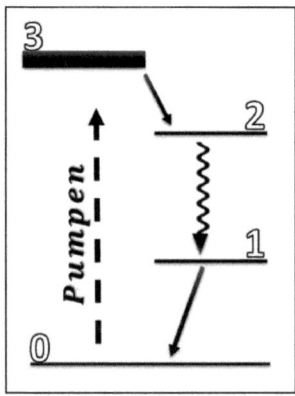

Abb. 2-16 Prinzip eines 4-Niveau-Systems [eigene Abb.]

Ein solches ist in Abbildung 2-16 dargestellt. Auch hier werden die Atome zunächst in das Energieband 3 gepumpt und gehen dann in den metastabilen Zustand 2 über. Von hier gehen diese durch stimulierte Emission in einen weiteren angeregten Zustand 1 über. Dieser Zustand 1 sollte so kurzlebig sein, dass die Atome ziemlich schnell in ihren Grundzustand 0 zurückkehren. Somit wurde Besetzungsinversion zwischen Zustand 2 und Zustand 1 hergestellt. Ähnlich dem Drei-Niveau-System lassen sich die Zustände 1 und 3 wegen ihrer hohen Übergangswahrscheinlichkeit als unbesetzt ansehen [8 S. 49-53].

Auf diese Weise wurde, trotz wenigen Atomen im angeregten Zustand 2, Besetzungsinversion erzeugt, weshalb nahezu alle Laser auf solch einem Vier-Niveau-System basieren. Abbildung 2-17 zeigt nochmal zusammenfassend die Besetzungsdichten in den jeweiligen Zuständen bei einem 3- und einem 4-Niveau-Systems.

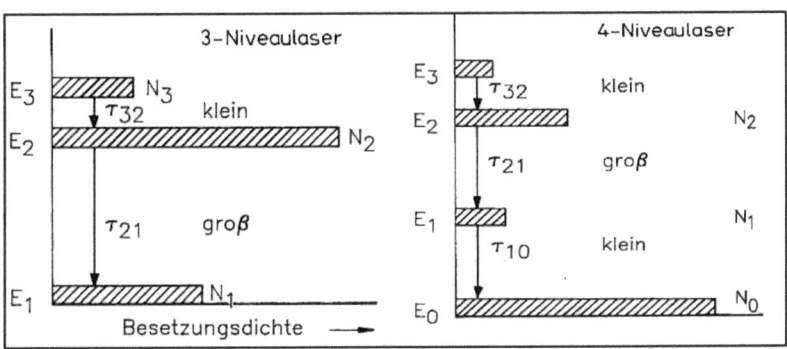

Abb. 2-17 Besetzungsdichte in 3- und 4-Niveau-Systemen [9 S. 47]

2.7 Linienbreite

Bei all den zuvor angesprochenen Vorgängen ist anzumerken, dass die Energiezustände, beispielsweise bei einem Zwei-Niveau-System E_1 und E_2, nicht völlig scharf sind und eine gewisse Unschärfe zueinander aufweisen. Demzufolge lassen sich die Frequenzen der Absorptions- und Emissionsvorgängen nicht auf die eine klare Frequenz ν_{12} festlegen. Daher wird der Begriff Linienbreite verwendet. Man unterscheidet zwischen homogener und inhomogener Linienverbreiterung.

Ist die Verbreitung für alle Atome gleichartig, spricht man von einer homogenen Verbreiterung. Die natürliche (homogene) Linienverbreiterung, die aus der Unschärfe der Energiezustände resultiert, ist abhängig von der Verweildauer τ_1 und τ_2 in den jeweiligen Zuständen. Die Unschärfe ΔE für ein Energieniveau mit der Verweildauer τ ergibt sich nach der Heisenbergschen Unschärferelation zu:

$$\Delta E = \frac{h}{2\pi\tau} \qquad (2.16)$$

Mit der Beziehung $E_1 - E_2 = hv_{12}$ erhält man für die Bandbreite einer Linie Δv_n [9 S. 36 f.]:

$$\Delta v_n = \frac{1}{2\pi}\left[\frac{1}{\tau_1} + \frac{1}{\tau_2}\right] \qquad (2.17)$$

Die Bandbreite Δv_n gibt den Frequenzbereich an in dem die Absorptions- und Emissionswahrscheinlichkeit 50 % des Wertes bei Resonanzfrequenz ausmacht [8 S. 40].

3. Der Laser

3.1 Aufbau und Funktionsweise

Im vorangegangenen Kapitel wurden die zugrundeliegenden physikalischen Zusammenhänge erläutert, auf denen der Betrieb eines Lasers beruht. Da jetzt bekannt ist, wie Licht erzeugt und verstärkt wird, ist es nun Zeit sich den prinzipiellen Aufbau eines Lasers anzuschauen.

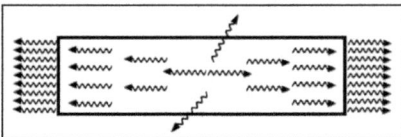

Abb. 3-1 Prinzip eines Superstrahlers [eigene Abb.]

Die einfachste Bauform eines Lasers ist der sogenannte Superstrahler (Bild 3-1). Dieser besteht im Wesentlichen nur aus dem in Kapitel 2.2.4 erwähnten *Aktiven Medium*, welches sich aus einem geeigneten Material zusammensetzt, welches zu Drei- bzw. Vier-Niveau-Systemen fähig ist. Hier finden zunächst spontane Emissionsprozesse in alle möglichen Richtungen statt. Die in stabrichtung emittierten Photonen legen dabei die größte Strecke zurück und regen durch stimulierte Emissionsprozesse andere Atome zur Abstrahlung weiterer Photonen an. Dieser Vorgang setzt sich lawinenartig fort und verstärkt somit immer mehr den erzeugten Lichtstrahl. Ist die Verstärkung groß genug, tritt am Ende ein stark gebündelter Lichtstrahl aus [9 S. 43].

In der Regel aber reicht die Verstärkung des aktiven Materials nicht aus um einen stark gebündelten Strahl zu erzeugen. Eine Verlängerung der Wegstrecke wäre zwar eine Möglichkeit, dem sind aber technisch Grenzen gesetzt. Um dem Abhilfe zu schaffen kommt das nächste wichtige Laserbauteil ins Spiel, der *Resonator*. Dieser besteht aus zwei im Abstand L parallel angeordneten Spiegeln, zwischen denen das aktive Medium liegt. Ziel ist es den erzeugten Lichtstrahl immer und immer wieder durch das Medium zu schicken. Lichtstrahlen die sich senkrecht zu den Spiegeln ausbreiten werden dadurch immer weiter verstärkt.

Den „fertigen" Laserstrahl, so wie man ihn kennt, kommt dadurch zustande, dass einer der beiden Spiegel teildurchlässig ist und einen gewissen Anteil des auftreffenden Strahls auskoppelt. Daher wird dieser Spiegel auch

Auskoppelspielgel genannt. Charakteristische Größen der Spiegel sind zum einen der Reflexionsgrad R, welcher den Anteil an reflektierten Licht angibt und dem Transmissionsgrad T, welcher den Anteil an durchgelassenem Licht beschreibt. Abhängig vom Lasertyp liegt der Reflexionsgrad R_1 des Auskoppelspiegels bei normalerweise 50% bis 99%. Der zweite Spiegel sollte dementsprechend möglichst das komplette Licht reflektieren mit $R_2 \approx 100\%$. [8 S. 66 f.] und [4 S. 191 f.]

Die Ausstrahlung der ersten Photonen kann entweder zufällig und ohne äußere Einflüsse geschehen, so wie im Absatz über den Superstrahler beschrieben oder über von außen zugeführte Energie erfolgen um das Pumpen (Kapitel 2) einzuleiten. Diese **Pumpenergie** kann zum Beispiel über Lichtquellen wie Blitzlampen oder Diodenlaser erfolgen [9 S. 40].

Folgende Abbildung zeigt nochmal schematisch den prinzipiellen Aufbau eines Lasers:

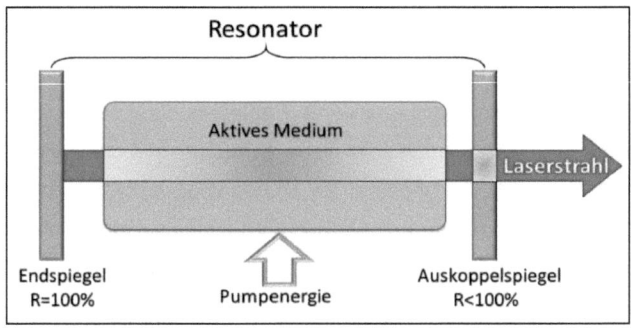

Abb. 3-2 Prinzipieller Aufbau eines Lasers [eigene Abb.]

3.2 Laserverstärkung

Hier soll nun die Verstärkung im Laser nochmal etwas genauer betrachtet werden. Dazu wird zunächst angenommen, dass sich die Intensität des Lichtstrahls bei jedem neuen Durchlauf durch den Resonator um den Faktor V_0 verstärkt wird. Zur gleichen Zeit wird dem Licht durch den ausgekoppelten Anteil die Intensität I_{AUS} entzogen. Somit verbleibt lediglich der reflektierte Anteil. Dies führt zu der Erkenntnis, dass eine wirkliche Verstärkung nur dann vorliegt, wenn das aktive Medium das Licht mehr verstärkt, als am Auskoppelspiegel verloren geht.

Dies führt zu der Bedingung [8 S. 67]:

$$RV_0 > 1 \tag{3.1}$$

Hierbei ist R der geometrische Mittelwert der Reflexionsgrade der beiden Spiegel [9 S. 44]:

$$R = \sqrt{R_2 R_1} \tag{3.2}$$

Analog erhält man T mit:

$$T = \sqrt{T_2 T_1} \tag{3.3}$$

Ist oben genannte Bedingung erfüllt, beträgt das Ausgangssignal ein Vielflaches des Eingangsignals, was zu Beginn nur ein einzelnes spontan emittiertes Photon war.

Die Gesamtverstärkung V ergibt aus dem Verhältnis von Ausgangsintensität und der Intensität des Eingansignals I_{EIN}:

$$V = \frac{I_{AUS}}{I_{EIN}} \tag{3.4}$$

Ohne näher auf die mathematische Herleitung einzugehen, erhält man eine detaillierte Darstellung der Gesamtverstärkung mit: [8 S. 64]

$$V = \frac{I_{AUS}}{I_{EIN}} = \frac{V_0 T^2}{(1 - V_0 R)^2 + 4 V_0 R \sin\left(\frac{\omega L}{c}\right)} \tag{3.5}$$

Die Gesamtverstärkung erfährt dann ihr Maximum, wenn das Argument des Sinus ein ganzzahliges Vielfaches von π ist. Dort ist der Sinus null, der Nenner wird minimal und somit V maximal.

Das bedeutet:

$$\frac{\omega L}{c} = q\pi \quad ; \quad q \in \mathbb{N} \tag{3.6}$$

Daraus folgt für die Kreisfrequenz ω:

$$\omega = q \frac{c\pi}{L} \tag{3.7}$$

Man spricht dann von der Eigenkreisfrequenz ω_q des Resonators.

Mit den Beziehungen $\omega = 2\pi\upsilon$ und $c = \lambda\upsilon$ erhält man nach L aufgelöst [8 S. 60]:

$$L = q\frac{\lambda}{2} \qquad q \in \mathbb{N} \tag{3.8}$$

Das heißt die Eigenkreisfrequenz des Resonators wird dann erreicht, wenn dieser eine Länge hat, die dem ganzzahligen Vielfachen der halben Wellenlänge entspricht. Das hier die Verstärkung maximal ist resultiert daraus, dass sich bei eben hergeleiteten Bedingung durch konstruktive Interferenz, eine stehende Welle ausbildet. Da hierbei auch eine kontinuierliche Welle ausgekoppelt wird, spricht man bei solchen Lasern, die ständig Licht aussenden und kontinuierlich arbeiten, von *Dauerstrichlaser*.

Unter eben gezeigten Bedingung arbeitet der Resonator, analog zu einem elektronischen Verstärker der durch Rückkopplung zum Oszillator wird, als rückgekoppelter Verstärker.

Für die Gesamtverstärkung bei Eigenkreisfrequenz ergibt sich demnach [8 S. 65]:

$$V = \frac{V_0 T^2}{(1 - V_0 R)^2} \tag{3.9}$$

Die Verstärkung V_0 bleibt aber nicht konstant, sondern nimmt bei jedem Resonatordurchlauf ab, bis sich schließlich ein Sättigungswert einstellt. Zur Unterscheidung bezeichnet man V_0 bei kleinen Intensitäten als Kleinsignalverstärkunh V_{KS} und sobald sich ein konstanter Wert eingestellt hat als Schwellenverstärkung V_{Schw}.

Es gilt dann [8 S. 68]:

$$V_{Schw}R = 1 < V_{KS}R \tag{3.10}$$

Gilt also $V_0 R = 1$ und $\omega = q\frac{c\pi}{L}$, dann geht die Gesamtverstärkung gegen Unendlich. Deshalb bezeichnet man diese beiden Bedingungen als Laserbedingungen. Sind beide Bedingungen erfüllt, wird der rückgekoppelte Verstärker zu einem Sender, da er ohne äußeres Eingangssignal ein Ausgangssignal liefert. Man sagt: „Der rückgekoppelte Verstärker wird instabil [8 S. 66]." Einen solchen Sender bezeichnet man als Laseroszillator.

3.3 Laserarten

Je nach verwendeten aktiven Medium lassen sich Laser in verschiedene Laserarten einteilen, die hier im Folgenden näher beschrieben werden.

3.3.1 Festkörperlaser

Ein Festkörperlaser verwendet als aktives Medium Kristalle oder auch Gläser, die entweder mit Metallionen oder auch Ionen seltener Erden angereichert sind. Die Ionen werden durch die Einstrahlung von Licht, zum Beispiel von Blitzlampen oder Diodenlaser, angeregt. Bei der Verwendung von Blitzlampen für das sogenannte optische Pumpen, werden spezielle Anordnungen der Lampen und zusätzlicher Reflektoren verwendet, um die Einkopplung des Pumplichts in das aktive Medium zu optimieren. Siehe dazu Abbildung 3-3. Eine schematische Darstellung eines Lasergepumpten Lasers ist in Abbildung 3-4 zu sehen.

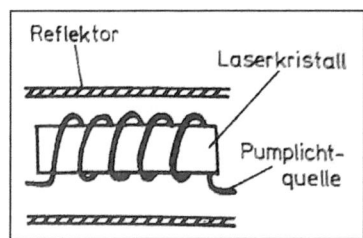

Abb. 3-3 Spezielle Anordnung der Pumplichtquelle [8 S. 123]

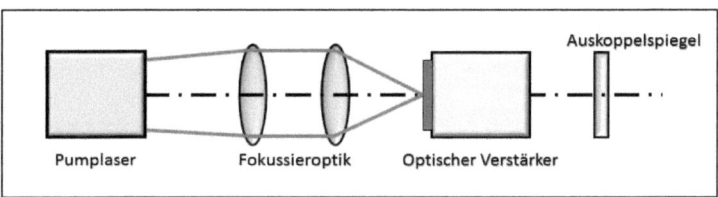

Abb. 3-4 Schematische Darstellung eines Lasergepumpten Lasers [eigene Abb.]

Häufige Bauarten sind der sogenannte Nd:YAK-Laser[16] oder auch der in Kapitel 1 kurz angesprochene Rubin-Laser.

---

[16] Neodym-dotierter Yttrium-Aluminium-Granat-Laser

3.3.2 Gaslaser

Das aktive Medium in Gaslasern liegt im gas- bzw. dampfförmigen Zustand vor. Die Anregung erfolgt in der Regel durch eine Gasentladung, bei der die dort freigesetzten Elektronen innerhalb des elektrischen Feldes beschleunigt werden und ihre dabei aufgenommene Energie mittels Stößen auf die Gasmoleküle übertragen und diese schließlich somit zu den Emissionsprozessen anregen. Wichtige Vertreter sind der He-Ne-Laser (Abbildung 3-5) und der CO_2-Laser.

Abb. 3-5 Helium-Laser in Betrieb [10]

3.3.3 Flüssigkeitslaser

Ist das laseraktive Medium nicht in einem Feststoff eingeschlossen (3.3.1) sondern in einer Flüssigkeit gelöst, wie zum Beispiel Wasser oder Alkohol, spricht man von einem Flüssigkeitslaser. Handelt es sich bei den laseraktiven Molekülen um Farbstoffmoleküle spricht man hier von Farbstofflasern.

Die Anregung bei Flüssigkeitslasern folgt analog der bei Festkörperlasern über Pumplichtquellen, wie Blitzlampen oder Diodenlasern.

3.3.4 Halbleiter-Diodenlaser

Als Halbleiter werden Materialien bezeichnet, die sich bei niedrigen Temperaturen verhalten wie Isolatoren. Bei höheren Temperaturen dagegen steigt die Leitfähigkeit. Eine weitere – für den hier beschrieben Laser relevante – Möglichkeit die Leitfähigkeit zu erhöhen ist das gezielte Einbringen von Verunreinigungen (Fremdatomen) in das Gitter.

Bringt man ein 5-wertiges Atom (Atom der 5. Hauptgruppe des Periodensystems mit fünf Elektronen in der äußersten Schale), wie zum Beispiel As, in das Gitter eines 4-wertigen Atoms ein (z.B. Si), dann kann sich dessen fünftes Elektron in der Außenschale frei bewegen und zum Ladungstransport genutzt werden. Grund ist, dass für die Valenzbindung des Gitters des 4-wertigen Atoms nur vier Elektronen notwendig sind. Da hier ein Überschuss an negativen Ladungsträger besteht, spricht man von einem n-dotierten Halbleiter.

Im Gegensatz dazu lassen sich 3-wertige Atome in das Gitter eines 4-wetigen einbringen. Hierbei fehlt dann ein Elektron und es liegt ein Überschuss an positiven Ladungsträger vor. Man spricht dann von einem p-dotierten Halbleiter. Eine Halbleiterdiode erhält man nun, wenn p- und n-dotierte Gebiete in einem Kristall aneinandergrenzen (siehe Abb.3-6). Dabei diffundieren die Elektronen vom n- in das p-Gebiet. Umgekehrt wandern Löcher vom p- in das n-Gebiet. Die zurückbleibenden, jetzt geladenen, dotierten Atome bilden eine Kontaktspannung aus. Nach der Rekombination von beweglichen Elektronen und Löcher bildet sich zwischen den Gebieten eine ladungsträgerfreie Zone aus (Laseraktive Zone). Legt man nun an die pn-Gebiete eine äußere Spannung an wird die Kontaktspannung aufgehoben und es fließen nun ständig Elektronen vom n- in das p-Gebiet und Löcher vom p-ins n-Gebiet. Es fließt ein Strom. Die Rekombination von Elektronen und Löcher erfolgt unter Aussendung eines Photons. Wird die Spannung über einen gewissen Schwellenwert erhöht, setzt die stimulierte Emission ein und die Laserintensität steigt abrupt an [8 S. 132 ff.].

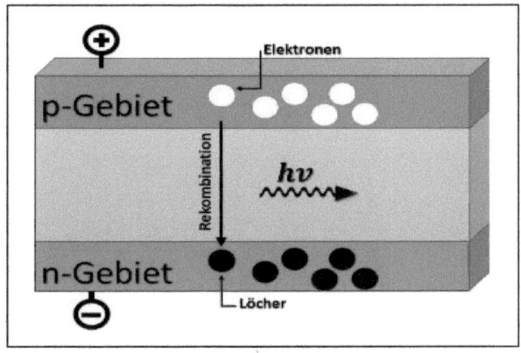

Abb. 3-6 Schema einer Laserdiode [eigene Abb.]

4. Zusammenfassung und Ausblick

Diese Projektarbeit hat die grundlegenden physikalischen Zusammenhänge aufgezeigt, die zum Verständnis der Laserstrahlentstehung notwendig sind.

Dazu wurde erläutert was Licht eigentlich ist und welche charakteristischen Eigenschaften dieses mit sich bringt. Weiterhin wurde erklärt wie Licht durch Absorptions- und spontane Emissionsvorgänge entsteht und wie man diesen Vorgang gezielt durch stimulierte Emission herbeiführen kann, was letztendlich die Grundlage der Laserstrahlentstehung darstellt.

Dabei wurde auch ersichtlich in welcher Hinsicht sich Laserlicht von Licht aus gewöhnlichen Quellen, wie zum Beispiel Glühbirnen, unterscheidet, wie durch seine Monochromie oder Kohärenz.

Daraufhin wurde gezeigt, welche Bedingungen herrschen müssen – wie zum Beispiel Besetzungsinversion – damit die stimulierten Emissionsvorgänge überhaupt voranschreiten können um einen Laserstrahl zu bilden.

Zu Letzt wurde gezeigt, wie ein Laser prinzipiell aufgebaut ist, aus welchen Komponenten dieser besteht, welche Aufgaben diese in Hinblick auf die Strahlerzeugung haben und wie man Laser, in Abhängigkeit ihres erzeugenden Mediums, in unterschiedliche Arten einteilen kann.

Literaturverzeichnis

1. **Tipler, P. A. und Mosca, G.** *Physik für Wissenschaftler und Ingenieure.* Berlin, Heidelberg : Springer Spektrum, 7. Aufl. 2015.

2. **Meschee, D.** *Optik, Licht und Laser.* Wiesbaden : Vieweg+Teubner, 2008.

3. **Eichler, J.** *Physik: Grundlagen für das Ingenieurstudium.* Wiesbaden : Vieweg, 2007.

4. **Gerhard, C.** *Tutorium Optik.* Berlin, Heidelberg : Springer Spektrum, 2016.

5. **Mellish, Bob.** a wire-grid polarizer. *Wikipedia Commons.* [Online] 2006. [Zitat vom: 05. Januar 2018.] https://en.wikipedia.org/wiki/File:Wire-grid-polarizer.svg.

6. **Harten, U.** *Physik : Eine Einführung für Ingenieure und Naturwissenschaftler.* Berlin, Heidelberg : Springer, 2012.

7. **Weber, H:.** *Laser : eine revolutionäre Erfindung und ihre Anwendungen.* München : Beck, 1998.

8. **Donges, A.** *Physikalische Grundlagen der Lasertechnik.* Heidelberg : Hüthig Verlag, 2. Aufl. (2000).

9. **Eichler, J. und Eichler, H. J.** *Laser: Bauformen, Strahlführung, Anwendungen.* Berlin, Heidelberg : Springer, 2010.

10. **Markstein, T.** Helium-Laser in Betrieb. *Wikipedia Commons .* [Online] 2009. [Zitat vom: 05. Januar 2018.] https://commons.wikimedia.org/wiki/File:Henelaser.jpg.

11. **Eichhorn, M.** *Laserphysik - Grundlagen und Anwendungen für Physiker, Maschinenbauer und Ingenieure.* Berlin Heidelberg : Springer, 2013.

12. **Hering, E. und Martin, R.** *Photonik: Grundlagen, Technologie und Anwendung.* Berlin, Heidelberg : Springer, 2006.

13. **Daderot.** Der erste Rubinlaser, im Hintergrund ein Photo von Theodore Maiman. *Wikipedia Commons.* [Online] 2011. [Zitat vom: 05. Januar 2018.] https://commons.wikimedia.org/wiki/File%3ANMAH_DC_-_IMG_8773.JPG.